BEI GRIN MACHT SICH IHR
WISSEN BEZAHLT

- Wir veröffentlichen Ihre Hausarbeit,
  Bachelor- und Masterarbeit

- Ihr eigenes eBook und Buch -
  weltweit in allen wichtigen Shops

- Verdienen Sie an jedem Verkauf

Jetzt bei www.GRIN.com hochladen
und kostenlos publizieren

Stephan Janzyk

Das Kühlsystem im Kraftfahrzeug

GRIN Verlag

Bibliografische Information der Deutschen Nationalbibliothek:

Die Deutsche Bibliothek verzeichnet diese Publikation in der Deutschen National-
bibliografie; detaillierte bibliografische Daten sind im Internet über http://dnb.d-
nb.de/ abrufbar.

Impressum:

Copyright © 2009 GRIN Verlag, Open Publishing GmbH
Druck und Bindung: Books on Demand GmbH, Norderstedt Germany
ISBN: 978-3-656-24159-1

Dieses Buch bei GRIN:

http://www.grin.com/de/e-book/197959/das-kuehlsystem-im-kraftfahrzeug

Helmut – Schmidt – Universität   Hamburg, den 18.02.2009

Universität der Bundeswehr Hamburg

Stephan Janzyk

Das Kühlsystem im Kraftfahrzeug

Studiengang: Bildungs- und Erziehungswissenschaften

Kurs: ISA – Aufbau und Produktion von Kraftfahrzeugen

Trimester: 2. Trimester

Inhaltsverzeichnis

1. Einstieg in das Thema

Wir alle fahren Auto. Die Einen mehr, die Anderen weniger. Einige mit ihrem eigenen Auto, andere mit dem ihrer Eltern. Manche aus Spaß, viele um ihr tägliches Brot zu verdienen. Was wir dabei jedoch alle gemeinsam haben ist, dass unser Kraftfahrzeug Kraftstoff benötigt, um sich von einem Ort zum Anderen zu bewegen. Die Elektroautos und Solarwagen jetzt mal ausgenommen, obwohl man dort weit ausgelegt das Sonnenlicht beziehungsweise den Strom auch als Kraftstoff bezeichnen könnte.

Wie wir alle wissen verbrennt ein Motor, welcher sich natürlich im Auto befindet, diesen Kraftstoff, um die nötige Energie zu gewinnen, die er für den Antrieb des „restlichen" Wagens benötigt. Deshalb sprechen wir auch von einem Verbrennungsmotor.

Jedoch wenn etwas verbrennt wird es heiß. Hitze entsteht. Wenn dies kontinuierlich geschieht, wird es noch heißer. Die Verbrennung im sogenannten Verbrennungsmotor geschieht zu dem auch noch unter hohem Druck und nicht all zu selten über einen langen Zeitraum. Es erscheint daher nur logisch, dass das Auto während der Motor arbeitet, beziehungsweise läuft, extrem heiß wird und daher anfangen könnte zu brennen. Das ist eigentlich ein großes Problem. Ein Problem welches gelöst wurde, schon vor einigen Jahren.

Nur wie schafften es die Konstrukteure moderner Kraftfahrzeuge diesem Problem entgegen zu wirken? Wie kann ein so stark wärmeentwickelndes System wie der Verbrennungsmotor gekühlt werden? Was für Kühlsysteme gibt es eigentlich und wie funktionieren sie?

Diese Fragen möchte ich in dieser Ausarbeitung versuchen zu beleuchten und das Kühlsystem im Kraftfahrzeug technisch erklären.

2. Die Aufgaben des Kühlsystems

Das Kühlsystem im Kraftfahrzeug hat mehrere Aufgaben. Natürlich ist die Hauptaufgabe den Motor, welcher während des Verbrennungsvorgangs sehr heiß wird auf einer unkritischen und konstanten Betriebstemperatur zu halten. Diese Temperatur schwankt bei den unterschiedlichen Fahrzeugtypen und Herstellermarken, sollte jedoch die 95° Celsius Marke nie überschreiten. (vgl. Deußen 1998, S.1)

Die „überflüssige", beziehungsweise gefährliche Wärme wird dann durch ein systematisches Kühlsystem, welches unterschiedlich aufgebaut sein kann, da es verschieden Typen von Kühlsystemen gibt, abgeleitet. Zu diesen verschiedenen Systemen jedoch später.

Eine weitere Aufgabe des Kühlsystems ist es, die optimale Fahrzeuginnentemperatur zu erzeugen. Da nicht alle Kraftfahrzeuge serienmäßig über eine Klimaanlage verfügen, wird über Wärmeaustauscher das Fahrzeuginnere, je nach Wetterlage, erwärmt oder abgekühlt und somit die „überflüssige" Wärmeenergie doch noch genutzt. (vgl. Deußen 2002, S.2ff)

Zusammenfassen lassen sich alle diese Punkte unter der dem Stichwort des Thermomanagements. (vgl. Deußen 1998, S.1)

Thermomanagement ist ein relativ neuer Begriff der in den letzten Jahren aufkam, da die Fahrzeughersteller und Konstrukteure nach immer umweltfreundlicheren und energiesparenden Wegen suchen ein Fahrzeug zu konstruieren. Ob dies nun aus Eigenantrieb oder aufgrund von immer strenger gefassten Umweltreglementierungen, wie zum Beispiel der Abgasnorm, geschieht, sei dahingestellt.

Zusammenfassend möchte ich jedoch behaupten, dass das Kühlsystem im Kraftfahrzeug die Hauptaufgabe hat, für ein optimales Thermomanagement zu sorgen.

Demnach sprechen wir von der energetischen Optimierung des Wärmehaushaltes im Kraftfahrzeug, mit dem Ziel der Verbrauchs- und Emissionsreduzierung, der Gewährleistung der Motorkühlung in jedem Betriebspunkt, sowie der Optimierung des Innenraumskomforts. (vgl. Deußen 1998, S.1 sowie Dietsche/Jäger/Bosch 2003, Definitionen)

3. Die Arten von Kühlern

In den vorhergehenden Kapiteln sprach ich darüber, warum es ein Kühlsystem im Kraftfahrzeug geben muss. Warum es so von Nöten ist und was seine Aufgaben sind. Nun will ich erläutern was für Systeme es heute auf dem Fahrzeugmarkt gibt, was die Vor- und Nachteile dieser sind und wie zukunftsträchtig sie anzusehen sind. Ich persönlich unterscheide dabei in Hauptkühlsysteme und Nebenkühlsysteme. Unter einem Hauptkühlsystem verstehe ich den Hauptkühlapparat, ohne den das Fahrzeug, beziehungsweise der Motor überhitzen würde. Dieser ist für das Fahrzeug lebensnotwendig. Hier existiert das System der Luftkühlung und das der Flüssigkeitskühlung, auch bekannt als Wasserkühlung. (vgl. Deußen 1998, S.2)

Unter einem Nebenkühlsystem fasse ich persönlich die „kleineren" spezielleren Systeme zusammen, die zwar für das System Kraftfahrzeug wichtig sind, jedoch nicht von lebenswichtiger Bedeutung. Das heißt bei Ausfall eines solchen „Subsystems" ist die Motorkühlung nicht in Gefahr. Oft sind diese Nebenkühlsysteme ab- und zuschaltbar, ob nun manuell oder automatisch über ein Steuerelement/ -System.

3.1. Die Luftkühlung

Wie der Name dieses Kühlsystems schon zu vermuten lässt, ist hier das Hauptelement die Luft, also der Fahrtwind.

Während sich das Fahrzeug bewegt wird die Strömungsluft, welche das Kraftfahrzeug umströmt, durch Leitbleche oder Leitkanäle in den Motorraum geführt. Dort befindet sich noch zusätzlich ein Gebläse in Form eines Ventilators. Dieser saugt die Luft von außen an und presst sie auf den Motorblock.

Um diese Luftkühlung optimal auszunutzen ist der Motor, beziehungsweise die zu kühlenden Zylinder mit den Zylinderköpfen, speziell beschaffen. Die Oberfläche

5

besteht aus Kühlrippen. So ist es möglich die Kühlfläche zu vergrößern und die Luftkühlung optimal zu nutzen. (vgl. Auto Handbuch, Karteikarte Luftkühlung)

Das Kühlsystem Luftkühlung hat natürlich auch Vor- und Nachteile. Der große Nachteil dieses Systems ist der sehr hohe Geräuschpegel der durch die Lüftung des Ventilators entsteht.

Positiv, als Vorteil zu erwähnen, ist hier die einfache, praktische und vor allem kostengünstige Bauweise des Systems. Diese Art der Kühlung ist zuverlässig und da keine Kühlflüssigkeit verwendet werden muss, natürlich Temperatur unabhängig.

Nichts desto trotz ist die Luftkühlung veraltet. Sie wurde vorwiegend in den 70iger bis 80ger Jahren in Kraftfahrzeugen eingebaut. Beispiele hierfür sind der VW Käfer oder der VW Bus, die bekannte „Ente" von Citroen oder der Porsche 911.

Heutzutage finden wir luftgekühlte Motoren noch in der Motorrad- oder Flugmotoren- Produktion.

3.2. Die Flüssigkeitskühlung

Heutzutage finden wir in so gut wie allen Kraftfahrzeugen ein Kühlsystem welches Flüssigkeit als Hauptbestandteil hat. Diese Flüssigkeit bezeichnet man als Kühlflüssigkeit, jedoch zu dieser in einem späteren Kapitel.

Als Hauptbestandteile dieses Systems existieren eine Wasserpumpe, ein Kühlmittelkühler, das Thermostat und die Wärmeaustauscher. (vgl. Deußen 2002, S.119)

Die Kühlflüssigkeit befindet sich in einem Kreislauf, dem Kühlkreislauf, welcher von einer Wasserpumpe angetrieben wird. Diese Wasserpumpe ist entweder mit dem Zahnriemen oder dem Keilriemen des Motors verbunden. So erhält sie die nötige Energie um die Kühlflüssigkeit durch das System zu pumpen.

Als Hauptelement ist in der Front des Fahrzeuges, zwischen den Scheinwerfern, ein Kühlmittelkühler installiert. Dieser besteht aus Rippen und ist heute meist aus Aluminium gefertigt. Durch diesen Kühlmittelkühler strömt die zuvor im Motor erhitzte Kühlflüssigkeit und wird von dem Fahrtwind, welcher auf die Kühlrippen trifft abgekühlt.

In den meisten Fällen ist hinter dem Kühlmittelkühler noch ein elektrischer Ventilator angebracht. Dieser hat den Sinn und Zweck den Kühlmittelkühler dann zu kühlen, wenn das Fahrzeug steht.

Da dann keine Kühlung durch den Fahrtwind existiert, wie zum Beispiel im Stau oder an der Ampel, kann so die konstante und gleichmäßige Kühlung gewährleistet werden. (vgl. Deußen 1998, S. 14)

Eine weitere Feinheit in Bezug auf den Kühlmittelkühler sind die sogenannten Jalousien. Diese sind keine neue Erfindung. Sie existierten bereits in der Anfangszeit der Autotechnik. Die Jalousien sind vor oder auch auf dem Kühlmittelkühler angebracht. Der Zweck ist, dass durch das Schließen dieser, die Kühlflüssigkeit nicht gekühlt werden kann und so der Motor im „warmlaufen" schneller auf Betriebstemperatur kommt. Gesteuert wird das ganze durch ein elektronisches Steuerelement und soll so die Energie sparen, die der Motor beim „warmlaufen" extra verbraucht. Zu finden sind diese Jalousien in hochwertigen Kraftfahrzeugen des Luxus Segmentes wie zum Beispiel in dem neuen BMW X5. (vgl. Deußen 1998, S. 15)

Ein weiteres wichtiges Element des Kühlkreislaufes ist der Thermostat. Dieser reguliert zwischen dem großen und kleinen Kühlkreislauf. Solange der Motor beim Warmlaufen die Betriebstemperatur noch nicht erreicht hat, also bis circa 85° Celsius, bleibt das Thermostat geschlossen und die Kühlflüssigkeit zirkuliert nur über Motor und Wasserpumpe. Steigt die Betriebstemperatur über 85° Celsius öffnet sich das Thermostat und der Kühlmittelkühler wird hinzugeschaltet. (vgl. Auto Handbuch, Karteikarte Thermostat)

Der letzte Bestandteil den ich kurz erwähnen möchte sind die Wärmeaustauscher. Diese ermöglichen zum Beispiel die Klimatisierung des Innenraumes des Fahrzeuges. Sie geben die Wärme des Motors an die Luft ab, welche durch die Innenraumlüftung in den Fahrgastbereich geblasen wird.

Auch dieses Kühlsystem hat natürlich wiederum vielerlei Vor- und Nachteile.

Als große Vorteile dieses Systems sehe ich die Möglichkeit einer gleichmäßigen und konstanten Kühlung die ständig vorherrscht. Da das System an sich unter Überdruck steht ist auch hier die Möglichkeit gegeben, dass das System bis maximal 115° Celsius ohne Probleme erhitzt werden kann. Das heißt auch im heißen Sommer und unter Extrembedingungen ist eine Kühlung möglich. Da das System sich der Kühlflüssigkeit bedient, wirkt das auf den Motor geräuschdämmend.

Nicht zu missachten ist auch der Fakt das bei Fahrzeugen ohne Klimaanlage die Innenraumtemperatur über dieses System reguliert werden kann.

Als Nachteil empfinde ich persönlich, dass das System zum Betrieb sehr viel Energie extra benötigt, sei es nun für den Antrieb der Wasserpumpe oder des Lüfters.

Da das Kühlsystem wasserbasierend ist besteht auch die Möglichkeit, dass das Kühlwasser bei starken Minusgraden einfrieren kann. Dies geschieht vor allem wenn das Kühlmittel schon alt und lange im System ist. Die Frostschutzeigenschaft wirkt dann nicht mehr.

Der letzte Nachteil den ich hier aufzeigen will, ist, dass es sich bei dem System um einen Flüssigkeitskreislauf handelt. Dieser kann logischerweise undicht werden und somit die Sicherheit des gesamten Kraftfahrzeuges gefährden.

3.3. Die Ölkühlung

Wie ich Eingangs schon erwähnt habe, möchte ich auch über die von mir definierten Nebenkühlsysteme sprechen. Eines davon ist die Ölkühlung.

In hochbelasteten Motoren muss auch das Motoröl gekühlt werden. Ebenso in Automatikgetrieben und hochbelasteten Schaltgetrieben das Getriebeöl. (vgl. Deußen 2002, S.125f)

Dieses kann entweder Kühlmittelgekühlt wie im Flüssigkeitskühler ablaufen oder über ein Öl – Luft Wärmeübertrager. Dieses Prinzip wäre dann ähnlich dem Luftkühler. Was jedoch zu erwähnen ist, ist, dass es autarke, separate Kühlkreisläufe sind. Sinn und Zweck ist es, die Schmiereigenschaften der Öle auch bei hoher Temperatur zu erhalten. Dieses Kühlsystem findet man heute vorwiegend in Sportwagen oder Lastkraftwagen. (vgl. Weiterentwicklung - www.Behr.de)

3.4. Der Abgaswärmeübertrager

Die Hauptaufgabe des Kühlsystems des Abgaswärmeübertrager ist die Rückführung gekühlter Abgasluft. Dies kann zum Beispiel sehr gut über den Turbolader geschehen.

Ein Teil der warmen Abgasluft wird am Motorauslass entnommen und durch den Abgaswärmeübertrager gekühlt. Diese gekühlte Abgasluft wird der Ansaugluft wieder hinzugeführt. (vgl. Weiterentwicklung - www.Behr.de)

Dadurch sinkt logischerweise die Verbrennungstemperatur des Motors und die Stickstoffoxidbildung.

Diese innovativen Systeme sind immer notwendiger da die Abgasnormen für Kraftfahrzeuge immer strenger werden. Durch dieses System ist es möglich die Norm einzuhalten.

Der Abgaswäreübertrager ist bereits seit 1999 bei den großen Fahrzeugproduzenten in Serie, jedoch wurde 2005 durch die Firma Behr ein noch innovativerer „Bypass" eingeführt. Dieser ermöglicht das Ab- beziehungsweise Zuschalten des Abgaswärmeaustauschers. Dadurch kann auch in bestimmten Fahrsituationen wie zum Ampelphasen oder Kaltstarts das Schadstoffniveau sehr niedrig gehalten werden. (vgl. Weiterentwicklung - www.Behr.de)

4. Die Kühlflüssigkeit

In diesem letzten Kapitel möchte ich auf den meiner Meinung nach wichtigsten Bestandteil des Flüssigkeitskühlsystems eingehen, die Kühlflüssigkeit.

Die Kühlflüssigkeit muss die Wärme, welche durch die Verbrennung im Motor entstanden ist, von den Bauteilen des Motors, auf die Umgebungsluft abführen.

Kühlflüssigkeit besteht aus einem Wasser – Glykol – Gemisch.

Wie es eigentlich mit allen Produkten ist, gibt es sehr viele verschiedene Hersteller, die alle ihre eigenen Namen für ihre Flüssigkeiten haben. Also gibt es auch keine einheitliche Bezeichnung für diese Flüssigkeiten.

Was jedoch einheitlich sein „sollte" sind die Eigenschaften. Kühlflüssigkeit muss frostbeständig bis mindestens minus 30° Celsius sein. Dies erscheint logisch da gefrorene Flüssigkeit den Kühlkreislauf zum Platzen bringen könnte.

Des weiteren muss Kühlflüssigkeit Zusätze von einem einschäumend wirkenden Stoff enthalten, da die Flüssigkeit stets in Bewegung ist. Sollte sich Schaum bilden kann es zu einem erheblichen Überdruck kommen, der durch das System nicht mehr kompensiert werden kann. Die Folge wäre hier ebenfalls das Platzen.

Wie schon erwähnt, bleibt die Kühlflüssigkeit oft über Jahre im System bevor sie gewechselt wird. Deshalb muss sie auch Zusätze von Korrosionsschutz enthalten, damit die Leitungen und der Kühlmittelkühler nicht angegriffen werden.

Die Flüssigkeit muss als Kühlflüssigkeit logischerweise auch gute Wärmeleiteigenschaften haben. Der Siedepunkt muss ebenfalls sehr hoch sein, da im Kühlkreislauf Überdruck herrscht. (vgl. Deußen 1998, S.34 f.)

Im Umgang mit dieser Flüssigkeit ist zu beachten, dass sie giftig ist und als Sondermüll deklariert ist. Sollte man also in die Lage kommen diese wechseln zu müssen gilt es dies zu beachten.

Das Mischverhältnis zwischen Wasser und dem Kühlmittel ist normalerweise 50%. Aber auch hier gilt: jeder Hersteller hat andere Angaben und vor der Benutzung sollte die Anweisung auf der Flasche des Kühlmittels genau gelesen werden. (vgl. Auto Handbuch A-Z, Karteikarte Kühler)

5. Literaturverzeichnis

AUTO HANDBUCH

Auto Handbuch A-Z, verschiedene Karteikarten. Meister Verlag München.

DEUßEN 1998

Deußen, Norbert (Hrsg): Wärmemanagement des Kraftfahrzeugs.
Expert Verlag 1998.

DEUßEN 2002

Deußen, Norbert (Hrsg): Wärmemanagement des Kraftfahrzeugs III.
Expert Verlag 2002.

DIETSCHE/JÄGER/BOSCH 2003

Dietsche, Karl Heinz; Jäger, Thomas; Bosch, Robert (GMBH):
Kraftfahrtechnisches Taschenbuch. 25. Auflage, Wiesbaden: Friedrich
Vieweg & Sohn Verlag, 2003.

STAUDT 2005

Staudt, Wilfried: Handbuch Fahrzeugtechnik Band 2.
Bildungsverlag EINS, Troisdorf 2005.

BEHR

www.behr.de (Hauptsteller von Kühlsystemen) - Stand 10.01.2009